自然的匠人:了不起的古代发明

弓箭

屠方 刘欢 著　尹涵迪 绘

电子工业出版社
Publishing House of Electronics Industry
北京·BEIJING

蒙古族是中国的少数民族之一，他们生活在中国北方的草原上，世代"逐水草而居"，是壮美草原上的游侠。广阔的天地给了蒙古族人施展才华的机会，他们会在草场上骑着马儿飞奔驰骋，将天地驾驭在马蹄之下。因此，蒙古族也被称为"马背上的民族"。

　　蒙古族的汉子是天生的勇士，他们孔武有力、性情豪爽。蒙古族的男娃子从出生开始，就要学会与大自然"搏斗"，为此，他们一生中要学会三个技能，分别是射箭、赛马和摔跤。这三个技艺统称为蒙古族的"男儿三技"，是蒙古族民族文化的重要基础。

　　"男儿三技"以射箭为首，这反映了弓箭在蒙古族人心中重要的地位。但是，弓箭的起源到目前为此还难以确定，唯一可以肯定的是，弓箭早在新石器时代就已经存在了。

　　早期的弓箭是为了在狩猎时让蒙古族猎手具备远距离的杀伤能力，后来才渐渐发展成为保护部落的牲畜和部族自身生命安全的防卫工具。随着时间的不断推移，弓箭最终成为战争中一种极其重要的军事武器。

　　蒙古族弓箭发展的黄金时期是在成吉思汗的时代。公元13世纪，成吉思汗统一了蒙古诸部落，建立了强大的蒙古政权。虽然从此以后，蒙古族逐步由狩猎经济转向了游牧经济，但是弓箭的技艺却被保留了下来，不断发展壮大，最终使得蒙古骑射技艺闻名于世。

　　蒙元时期，涌现了众多的射箭能手，成吉思汗的麾下名将木华黎就被描述为"猿臂善射，挽弓二石强"。

　　蒙古弓箭要数巴尔虎弓箭最有特色，也最为古老。
　　传统的巴尔虎弓弓体的制作材料必须为多种天然材料。首先，工匠们会将竹和木割锯、磨整，制作成弓胎，作为弓体的基本雏形。紧接着，他们会将鱼鳔熬制成黏合胶，再用这种黏合胶将牛筋黏合在弓臂之上，增加弓臂的弹性。这样，基础弓体就算制作完成了。

巴尔虎弓弓体雏形完成以后，工匠们会把动物的角和筋粘贴在弓体上，成为弓面。为了使弓看起来更加美观，工匠们还会粘上一些桦树皮、蛇皮作为装饰。这些精美的装饰具有保护弓体的作用。

巴尔虎弓还有一个制弓的原则，就是完成的弓体上不设置任何箭台和瞄准装置。

弓体完成之后，工匠们会利用弧形木枕捆绑固定弓臂，使弓臂两翼向内侧弯曲，产生弧度。在弯曲弓臂的过程中，工匠们会给弓体上弓弦。弓弦不得松弛，而要紧实且具有弹性。巴尔虎弓的弓弦上不得安装唇珠等辅助装置。

　　巴尔虎弓做完之后，就可以制作箭了。

　　巴尔虎箭身圆滑笔直，没有任何弧度，是使用传统竹或木制作而成的钝头真羽箭；箭头是锋利的金属锥体，固定在箭身钝头，用于刺入猎物和敌人的身体，造成重度身体创伤，如果击中的是心脏等要害部位，就会夺人性命；箭尾是用天然材料做成的精美羽毛样式。

巴尔虎弓箭制作完成之后，蒙古族的勇士们就可以拿着弓箭进行日常射击。弓箭运动作为蒙古族人日常的活动，在历史的演进中，逐渐发展成了一套完整的射箭习俗。

　　一般来说，射手们的射箭活动会有固定的场所。他们经常组织比赛，朋友之间互相切磋、学习，师徒之间互相交流、传授射箭的技艺。最终，弓箭场成了蒙古族人之间社交和传承技艺的重要场所。

射箭，蒙古语称"苏日哈日布那"，按照持箭方式和拉弦方式不同，射箭有不同的技术方法。蒙古族的射箭技法叫作蒙古式射箭，这种传统的弓箭射箭技巧是蒙古族上千年发展中流传下来的历史技艺：射手们一般以右手为后手，以左手为前手；后手拇指佩戴扳指，钩住弓弦并向后拉伸；前手握住弓体，并以拇指配合侧搭弓箭。如此，只要后手松劲，箭便会飞驰而出。

　　蒙古式射箭对于场地设备也有一些自己的要求。
射箭的箭靶叫作"通克"，是箭靶中非常具有原生
态特色的一种靶子，也是非常古老的一种靶子。

　　"通克"原是为了狩猎大型动物而制作的一种
练习靶，是为了加强蒙古族人的狩猎实战能力而产
生的。

　　"通克"的直径为32厘米，由里到外分别是红色靶心，黄色、绿色、白色和蓝色的靶环。其中，靶心直径为4厘米，四个靶环的环宽为3.5厘米。远远看去，"通克"的色彩层次明晰，具有一定的审美价值。

26

　　射箭时，"通克"通常被挂在射箭场的空中，靶心离地1.65米，相当于1张弓的长度。射手们距离"通克"36米，相当于22张弓的长度。射箭比赛采用积分制，射中靶心为5分，分数向外环不断递减，依次为黄环4分、绿环3分、白环2分、蓝环1分。

　　在这样的射箭场里，蒙古族的勇士们完成了一次次的弓箭练习。

清朝灭亡后，弓箭正式退出了军事舞台。到了近代和现代，弓箭不再是蒙古族人生活的必需品，它的身影也逐渐消失在历史之中。

巴尔虎弓箭的传承人更是少之又少，只在部分地区有着数量稀少的爱好者。

在现代的蒙古族中，我们能够看到弓箭身影的一个重要节日就是"那达慕大会"。

那达慕，蒙语是"娱乐"或"游戏"的意思。那达慕大会是蒙古族人民一年一度的传统节日，在每年七、八月的黄金季节举行。

在这个盛大的聚会上，蒙古族弓箭的竞技选手们，会骑上赛马，穿上蒙古族的传统服装，在马背上射箭，大有当年成吉思汗征战四方的神采。

　　除了射箭、赛马，那达慕大会的主要内容还有摔跤、赛布鲁、套马、下蒙古棋等民族传统项目，有的地方还有田径、拔河、排球、篮球等体育竞赛项目。

活动会进行一整天，直到夜幕降临。这时候，昏黄的草原上会飘荡起悠扬激昂的马头琴声，篝火旁，男女青年轻歌曼舞，人们沉浸在节日的欢乐之中。

　　弓箭及射箭技巧是蒙古族上千年历史发展中的文化瑰宝，更是中华民族优秀传统文化的组成部分。虽然时代发展、岁月变迁，但是弓箭承载的浓重历史需要一代又一代蒙古族人不断传承下去。

　　每当蒙古族人搭弓射箭的样子出现在蒙古草原的时候，我们仿佛又回到了过去，和蒙古族先民们一同见证《敕勒歌》中的美丽景象：天苍苍，野茫茫，风吹草低见牛羊。

图书在版编目（CIP）数据

自然的匠人：了不起的古代发明. 弓箭 / 屠方, 刘欢著 ; 尹涵迪绘. -- 北京 : 电子工业出版社, 2023.12

ISBN 978-7-121-46561-1

Ⅰ.①自… Ⅱ.①屠… ②刘… ③尹… Ⅲ.①科学技术－创造发明－中国－古代－少儿读物 Ⅳ.①N092-49

中国国家版本馆CIP数据核字（2023）第202611号

责任编辑：朱思霖　特约编辑：郑圆圆

印　　刷：天津图文方嘉印刷有限公司

装　　订：天津图文方嘉印刷有限公司

出版发行：电子工业出版社

　　　　　北京市海淀区万寿路173信箱　邮编：100036

开　　本：889×1194　1/16　印张：13.5　字数：138.6千字

版　　次：2023年12月第1版

印　　次：2023年12月第1次印刷

定　　价：138.00元（全6册）

凡所购买电子工业出版社图书有缺损问题，请向购买书店调换。若书店售缺，请与本社发行部联系，联系及邮购电话：（010）88254888，88258888。

质量投诉请发邮件至zlts@phei.com.cn，盗版侵权举报请发邮件至dbqq@phei.com.cn。

本书咨询联系方式：（010）88254161转1859，zhusl@phei.com.cn。